U0265400

中国顶级建筑表现案例特辑⑤

公共建筑（上）
PUBLIC BUILDING

本书编写委员会 编写

中国林业出版社

图书在版编目（CIP）数据

中国顶级建筑表现案例特辑 . ⑤，公共建筑：全 2 册／《中国顶级建筑表现案例特辑》编写委员会编写 . —— 北京：中国林业出版社，2017.7

ISBN 978-7-5038-9132-8

Ⅰ . ①中… Ⅱ . ①中… Ⅲ . ①公共建筑－建筑设计－作品集－中国－现代 Ⅳ . ① TU206 ② TU242

中国版本图书馆 CIP 数据核字 (2017) 第 156174 号

主　　编：李　壮
副 主 编：李　秀
艺术指导：陈　利
编　　写：徐琳琳　卢亚男　谢　静　梅　非　王　超　吕聘聘　汤　阳
　　　　　林　贺　王明明　马翠平　蔡洋阳　姜雪洁　王　惠　王　莹
　　　　　石薛杰　杨　丹　李一茹　程　琳　李　奔
组　　稿：胡亚凤
设计制作：张　宇　马天时　王伟光

中国林业出版社·建筑分社
责任编辑：纪　亮、王思源

出　版：中国林业出版社（100009 北京西城区德内大街刘海胡同 7 号）
印　刷：北京利丰雅高长城印刷有限公司
发　行：中国林业出版社
电　话：（010）8314 3518
版　次：2017 年 7 月　第 1 版
印　次：2017 年 7 月　第 1 次
开　本：635mm×965mm，1/16
印　张：42
字　数：400 千字
定　价：780.00 元（上、下册）

目录
CONTENTS

004-119

酒店宾馆
HOTEL AND GUESTHOUSE
2014 建筑＋表现

1 某酒店

绘制：宁波筑景

2 **3** 成都太升南路酒店

绘制：深圳筑之源

1

■1 ■2 ■3 成都太升南路酒店
绘制：深圳筑之源

1 大中华酒店 方案二

绘制 深圳筑之源

1

1 大中华酒店 方案一
绘制：深圳筑之源

2 3 4 大中华酒店 方案二
绘制：深圳筑之源

1 2 大中华酒店 方案二
绘制：深圳筑之源

3 4 5 中达顺城街超高层
设计：曾铁英
绘制：蓝宇光影图文设计工作室

1 希尔顿酒店

设计：兰觅等
绘制：蓝宇光影图文设计工作室

2 时代山水

绘制：深圳筑之源

3 **4** **5** 珠海投标

设计：贾楚
绘制：蓝宇光影图文设计工作室

1 意邦时代广场

设计：浙江安地
绘制：杭州弧引数字科技有限公司

2 江苏泗洪君瑞酒店

设计：深圳华艺建筑设计
绘制：深圳市水木数码影像科技有限公司

3 重庆某酒店

设计：北京轩辕景观规划设计有限公司
绘制：北京图道数字科技有限公司

1 重庆某酒店
设计： 北京轩辕景观规划设计有限公司
绘制： 北京图道数字科技有限公司

1

1 2 珠海酒店

设计：深圳市肯定建筑设计有限公司
绘制：深圳市肯定建筑设计有限公司

3 三亚艾克拜尔饭店

设计：深圳市肯定建筑设计有限公司
绘制：深圳市肯定环境艺术设计有限公司

1 **2** **3** Abu Dhabi World Trade Center

设计：奥地利BAC
绘制：奥地利BAC

4 **5** **6** Al Madina 酒店

设计：福斯特事务所
绘制：福斯特事务所

4

5

6

1 Pentominium Tower

设计：Andrew Bromberg
绘制：Andrew Bromberg

2 3 海岸大酒店

设计：深圳市肯定建筑设计有限公司
绘制：深圳市普石环境艺术设计有限公司

1 2 3 迪拜旋转塔
  设计：大卫－舍费尔
  绘制：大卫－舍费尔

1

■ 印度塔
设计：FXFOWLE
绘制：FXFOWLE

2 3 大连世界
设计：中天集团
绘制：杭州骏翔广告有限公司

1 2 3 海口南沙路

设计：深圳市肯定建筑设计有限公司
绘制：深圳市普石环境艺术设计有限公司

3

设计：宏正建筑设计院
绘制：杭州景尚科技有限公司

1 某酒店

绘制：上海日盛 & 南宁日易

2 龙岗中科

设计：深圳市肯定建筑设计有限公司
绘制：深圳市普石环境艺术设计有限公司

1

1 2 3 罗兰斯宝

设计：深圳市肯定建筑设计有限公司
绘制：深圳市普石环境艺术设计有限公司

1 2 望湖国际

绘制：杭州景尚科技有限公司

1

1 某酒店

　　绘制：武汉擎天建筑设计咨询有限公司

2 金塘西堠工业

　　设计：舟山建筑规划设计研究院
　　绘制：杭州骏翔广告有限公司

1 梅林大厦

设计：大观园园林设计有限公司
绘制：深圳市普石环境艺术设计有限公司

2 **3** 文昌酒店

设计：城市开发规划分院
绘制：上海凝筑

1 山东运河城

设计：山东济宁华园建筑设计院
绘制：上海凝筑

2 重庆大渡口

设计：LWK (HK) 建筑设计
绘制：深圳市水木数码影像科技有限公司

3 安徽阜阳

设计：上海原筑建筑设计公司
绘制：上海凝筑

1 江西铅山国际大酒店

　绘制：杭州骏翔广告有限公司

2 辛庄 D 地块

　设计：辛庄 D 地块
　绘制：北京百典数字科技有限公司

3 某酒店

　设计：合肥工大院
　绘制：合肥徽源图文设计工作室

设计：鸿翔建筑
绘制：杭州弧引数字科技有限公司

设计：深圳华艺建筑设计
绘制：深圳市水木数码影像科技有限公司

1 乌镇酒店

　　设计：鸿翔建筑
　　绘制：杭州弧引数字科技有限公司

3 某酒店

　　绘制：上海日盛 & 南宁日易

2 成都中海超高层

　　设计：深圳华艺建筑设计
　　绘制：深圳市水木数码影像科技有限公司

某酒店

绘制：上海日盛 & 南宁日易

1 2 3 某酒店方案

绘制：上海日盛 & 南宁日易

1 江苏泗洪君瑞酒店
设计：深圳华艺建筑设计
绘制：深圳市水木数码影像科技有限公司

1 2 3 让湖路酒店

设计：新外建筑设计有限公司
绘制：上海赫智建筑设计有限公司

1 重庆某酒店
　设计：北京轩辕景观规划设计有限公司
　绘制：北京图道数字科技有限公司

1

1 正恒酒店

设计：北京易兰建筑规划设计有限公司
绘制：北京图道数字科技有限公司

2 某酒店三期

设计：世纪千俯
绘制：杭州弧引数字科技有限公司

2

1 某酒店
设计：某建筑设计单位
绘制：北京图道数字科技有限公司

2 定州大世界冷链
设计：中国电子工程设计院
绘制：北京图道数字科技有限公司

3 轨道投标
设计：厦门华炀工程设计　傅强
绘制：厦门众汇 ONE 数字科技有限公司

1 2 轨道投标

设计：厦门华炀工程设计　傅强
绘制：厦门众汇 ONE 数字科技有限公司

1 银湖酒店项目

设计：山西省运城市建筑设计研究院

绘制：西安鼎凡视觉工作室

2 长沙·达美梅溪湖 C-19 地块

设计：深圳市筑地建筑工程顾问有限公司

绘制：深圳长空永恒数字科技有限公司

3 某酒店

设计：南大二所

绘制：南昌艺构图像

1 龙南
设计：省院研究所
绘制：南昌芝构图像

3 银湖
设计：省院研究所
绘制：南昌芝构图像

2 朝阳洲高层
设计：南大二所
绘制：南昌芝构图像

4 翰泓
设计：卓筑
绘制：南昌芝构图像

1 翰泓
设计：卓筑
绘制：南昌艺构图像

2 中富项目
设计：珠海某设计师
绘制：天海图文设计

3 建业大厦项目
设计：国恒建筑设计四所
绘制：成都上润图文设计制作有限公司

3

1 某酒店
　　设计：亚马逊建筑装饰工程有限公司
　　绘制：天海图文设计

2 **3** 某酒店
　　设计：亚马逊建筑装饰工程有限公司
　　绘制：天海图文设计

4 成都酒店项目概念方案
　　设计：深圳通汇置业公司
　　绘制：成都上润图文设计制作有限公司

4

1 武汉新桃园沙湖项目

　　设计：武汉中合元创建筑设计有限公司

2 北欧项目

　　设计：四川国鼎建筑设计

　　绘制：成都上润图文设计制作有限公司

2

1 仁和春天百货酒店

　绘制：成都市浩瀚图像设计有限公司

2 3 二郎山酒店

　设计：正东建筑　田林
　绘制：成都市浩瀚图像设计有限公司

1 上海浦东 D-11 地块精品酒店项目

　　设计：上海汉行建筑设计有限公司
　　绘制：丝路数码技术有限公司

2 江苏泗洪君瑞酒店

　　设计：深圳华艺建筑设计
　　绘制：深圳市水木数码影像科技有限公司

3 济南加州

　　设计：上海华策建筑设计事务所有限公司
　　绘制：上海艺筑图文设计有限公司

1 天津大胡同
设计：天津市宝能置业有限公司
绘制：天津天砚建筑设计咨询有限公司

2 天津武清超高层
设计：天津大学建筑设计研究院
绘制：天津天砚建筑设计咨询有限公司

1 2 宁波某共建

设计：上海弘城国际建筑设计有限公司
绘制：上海携客数字科技有限公司

1

2

1 宁波某共建

设计: 上海弘城国际建筑设计有限公司
绘制: 上海携客数字科技有限公司

2 银川项目

设计: 佚名
绘制: 上海携客数字科技有限公司

3 青岛某酒店

设计: 山东同圆
绘制: 雅色机构

1 2 3 海南酒店

设计：正东建筑　田林
绘制：成都市浩瀚图像设计有限公司

1

1 2 3 海南酒店

设计：正东建筑　田林
绘制：成都市浩瀚图像设计有限公司

1 2 3 海南酒店
设计：正东建筑　田林
绘制：成都市浩瀚图像设计有限公司

1 2 3 4 海南酒店

设计：正东建筑　田林
绘制：成都市浩瀚图像设计有限公司

1 2 海南酒店

设计：正东建筑　田林
绘制：成都市浩瀚图像设计有限公司

3 三亚某酒店

设计：上海海珠建筑设计有限公司
绘制：上海艺筑图文设计有限公司

1 2 三亚某酒店
设计：上海海珠建筑设计有限公司
绘制：上海艺筑图文设计有限公司

3 沁阳酒店
设计：中机十院国际工程有限公司（洛阳分公司）
绘制：洛阳张涵数码影像技术开发有限公司

3

1 2 咸阳综合体项目
设计：深圳市筑联建筑设计有限公司
绘制：深圳市原创力数码影像设计有限公司

1 2 3 咸阳综合体项目

设计：深圳市筑联建筑设计有限公司

绘制：深圳市原创力数码影像设计有限公司

1 2 3 迪富宾馆

设计：深圳市同济人建筑设计有限公司
绘制：深圳市原创力数码影像设计有限公司

1 2 3 新港酒店

绘制：丝路数码技术有限公司

1 温泉酒店
绘制：丝路数码技术有限公司

2 上海浦东 D-11 地块精品酒店
设计：上海汉行建筑设计有限公司
绘制：丝路数码技术有限公司

3 安顺某酒店
绘制：光辉城市　陈禹

1

1 某酒店
设计：山东同圆
绘制：雅色机构

2 某酒店项目
设计：山东建大建筑规划设计研究院
绘制：雅色机构

1 某酒店
设计：山东同圆
绘制：雅色机构

2 某酒店项目
设计：山东建大建筑规划设计研究院
绘制：雅色机构

1 洛阳市高新区某酒店

设计：机械工业第四设计研究院
绘制：洛阳张涵数码影像技术开发有限公司

2 贵妃酒店

设计：郝江川 范晓东
绘制：成都市浩瀚图像设计有限公司

3 思纳达州人民广场

设计：美国思纳史密斯设计
绘制：成都上润图文设计制作公司

1 2 芝加哥螺旋塔
设计：卡拉特拉瓦

1

2

120-179

会所及度假村
CLUB AND RESORT
2014 建筑 + 表现

1 2 3 某游客服务中心方案一
设计：湖南省建筑设计院
绘制：天海图文设计

■1 ■2 某游客服务中心方案二
设计：湖南省建筑设计院
绘制：天海图文设计

2 苏仙岭透视

设计: 湖南省建筑设计院

1 苏仙岭鸟瞰

设计：湖南省建筑设计院

1 2 3 阿尔比斯高山庇护所

4 5 6 HATLEHOL CHURCH

设计：法国 DCA

设计：丹麦 C. F. MOLLER ARCHITECTS

1 东北鸟瞰
　设计：舟山建筑规划设计研究院
　绘制：杭州骏翔广告有限公司

2 **3** 舟山五星宾馆群
　设计：舟山建筑规划设计研究院
　绘制：杭州骏翔广告有限公司

1 长白山

设计：上海华都国际设计
绘制：上海凝筑

2 3 山西孝义

设计：上海华都国际设计
绘制：上海凝筑

1 孔子学院

设计：上海华东发展城建设计有限公司
绘制：上海凝筑

1 青浦别墅

　　设计：个人
　　绘制：上海凝筑

2 卧牛湖

　　设计：个人
　　绘制：上海凝筑

1 卧牛湖

设计：个人
绘制：上海凝筑数字科技

1 三官堂

设计：中联程泰宁建筑设计研究院
绘制：上海凝筑

2 某度假村项目

设计：厦门喜邦建筑设计 王工
绘制：厦门众汇 ONE 数字科技有限公司

1 2 3 漳州奥体中心湖心岛

设计：中国建筑科学研究院厦门分院　庄严
绘制：厦门众汇 ONE 数字科技有限公司

1 2 3 某项目

设计：厦门喜邦建筑设计　主工
绘制：厦门众汇 ONE 数字科技有限公司

4 某会所

绘制：厦门众汇 ONE 数字科技有限公司

1 版纳别墅

设计：深圳市加华创源建筑设计有限公司
绘制：深圳市原创力数码影像设计有限公司

2 观澜会所

设计：刘巧文
绘制：深圳市原创力数码影像设计有限公司

3 4 西安周秦汉风韵

设计：西安鼎凡视觉工作室
绘制：西安鼎凡视觉工作室

1 某度假村

绘制：成都上润图文设计制作有限公司

2 西藏拉萨

设计：国鼎建筑设计
绘制：成都上润图文设计制作有限公司

3 城南咖啡馆项目

设计：西南建筑设计四所
绘制：成都上润图文设计制作有限公司

4 乐至南湖项目

设计：四川国恒建筑设计
绘制：成都上润图文设计制作有限公司

1 成都凤凰城项目
设计：四川南海设计
绘制：成都上润图文设计制作有限公司

2 成都后花园
设计：美国思纳史密斯设计
绘制：成都上润图文设计制作有限公司

1 2 遂宁圣莲岛项目
设计：西南建筑设计七所
绘制：成都上润图文设计制作公司

3 腾冲度假酒店项目
设计：美国思纳史密斯设计
绘制：成都上润图文设计制作公司

1 2 遂宁圣莲岛项目
设计：西南建筑设计七所
绘制：成都上润图文设计制作公司

3 腾冲度假酒店项目
设计：美国思纳史密斯设计
绘制：成都上润图文设计制作公司

1 2 东钱湖

设计：鸿翔建筑

绘制：杭州弧引数字科技有限公司

1 绍兴之江学院

设计：浙大经境
绘制：杭州弧引数字科技有限公司

2 会所

设计：北京龙安华诚　分院
绘制：北京百典数字科技有限公司

3 气象局

设计：省直建筑设计
绘制：杭州弧引数字科技有限公司

1 吉兆湾会所

　　设计：广东省建筑设计研究院深圳分院
　　绘制：深圳市深白数码影像设计有限公司

2 老年度假公寓

　　设计：北京市政工程设计院
　　绘制：北京百典数字科技有限公司

3 威尔顿

　　设计：广州柏源建筑设计有限公司
　　绘制：深圳千尺数字图像设计有限公司

1 铜陵旅游

　　设计：广州柏源建筑设计有限公司
　　绘制：深圳千尺数字图像设计有限公司

2 3 4 画家村

　　设计：广州柏源建筑设计有限公司
　　绘制：深圳千尺数字图像设计有限公司

1 2 3 4 海南诺德

设计：深圳市博万建筑设计事务所
绘制：深圳千尺数字图像设计有限公司

5 中式小规划

设计：湖南省建筑科学研究院
绘制：长沙市工凡建筑效果图

6 禹羌文化休闲旅游度假区

设计：四川同轩建筑设计有限公司
绘制：绵阳瀚影数码图像设计有限公司

5

6

4

---

1 淀粉厂
　　设计：南大二所
　　绘制：南昌艺构图像

2 八大山人
　　设计：南大二所
　　绘制：南昌艺构图像

3 银湖会所
　　设计：省院研究所
　　绘制：南昌艺构图像

4 某会所
　　绘制：南昌艺构图像

1 某会所

设计：重庆博建
绘制：光辉城市　陈禹

2 3 4 5 某会所

设计：重庆博建
绘制：光辉城市　郭洪秀

烟云渺，变化，宇宙穷高深。怀古北斗杰，忧时君子心。寄言尘中客，养卷谁能寻。

1 某会所

绘制：光辉城市　陈禹

2 3 某地度假园区项目

设计：天友建筑设计郑州公司
绘制：郑州 DECO 建筑影像设计公司

4 知青之家方案鸟瞰

设计：夏工
绘制：天海图文设计

1 2 3 普宁寺

设计：上海济景建筑设计有限公司
绘制：上海艺筑图文设计有限公司

1 2 3 4 5 普宁寺

设计：上海济景建筑设计有限公司
绘制：上海艺筑图文设计有限公司

4

1 2 3 某会所

设计：北京舍垣
绘制：雅色机构

4 5 某会所

设计：山东同圆
绘制：雅色机构

5

1 2 丹尼斯洛阳九洲

设计：Chapman Taylor
绘制：上海携客数字科技有限公司

3 泰山苗木花卉市场

设计：上海久一建筑规划设计有限公司
绘制：上海携客数字科技有限公司

4 泰山茶园

设计：上海久一建筑规划设计有限公司
绘制：上海携客数字科技有限公司

1 2 3 4 5 海南某游艇中心

设计：上海那方建筑设计有限公司
绘制：上海携客数字科技有限公司

180-205

文化中心
CULTURE CENTER
2014 建筑·表现

1 2 3 证大喜玛拉雅艺术中心

设计：矶崎新工作室

4 5 Sede per il Consiglio Generale dei Landes

设计：5 +1 AA 工作室

4

1 利辛文博物馆

设计：某建筑设计单位
绘制：北京图道数字科技有限公司

3 韶关某文化中心

设计：中国机械工程设计研究院
绘制：北京百典数字科技有限公司

5 云南景颇

设计：世纪千俯
绘制：杭州弧引数字科技有限公司

2 商洛市文化艺术中心

设计：香港华艺设计顾问（深圳）有限公司重庆分公司
绘制：重庆天艺数字图像

4 调度中心方案

设计：沈阳新大陆建筑设计有限公司
绘制：沈阳帧帝三维建筑艺术有限公司

5

1 **大理钜融城**
　设计：米格建筑设计
　绘制：杭州弧引数字科技有限公司

2 3 4 **安宁三馆一中心**
　设计：深圳华艺建筑设计
　绘制：深圳市水木数码影像科技有限公司

设计：深圳华艺建筑设计
绘制：深圳市水木数码影像科技有限公司

1 2 3 4 安宁三馆一中心

设计：深圳华艺建筑设计
绘制：深圳市水木数码影像科技有限公司

1 2 安宁三馆一中心
设计：深圳华艺建筑设计
绘制：深圳市水木数码影像科技有限公司

3 银川艺术史公园
设计：东方园林设计
绘制：北京图道数字科技有限公司

4 福泉展览馆
设计：光合建筑
绘制：杭州弧引数字科技有限公司

5 大盘山博物馆
设计：米格建筑设计
绘制：杭州弧引数字科技有限公司

1 绍兴之江学院

　　设计：浙大经境
　　绘制：杭州弧引数字科技有限公司

2 超高层文化中心

　　设计：卓筑
　　绘制：南昌艺构图像

1 2 韶关市芙蓉新城文化"三馆"

设计：悉地国际第五工作室
绘制：丝路数码技术有限公司

3 美术馆

设计：南大院
绘制：丝路数码技术有限公司

1 2 3 湖州四馆

设计：上海匠人规划建筑设计股份有限公司
绘制：上海艺筑图文设计有限公司

1 2 洛阳牡丹

设计：机械工业第四设计研究院
绘制：洛阳张涵数码影像技术开发有限公司

3 4 某老干部活动中心

设计：北京舍垣
绘制：雅色机构

1 2 某老干部活动中心
设计：北京舍垣
绘制：雅色机构

3 4 柳州文化中心
设计：天津大学建筑设计研究院
绘制：天津天砚建筑设计咨询有限公司

3

4

1 2 太湖艺术中心

设计：程泰宁
绘制：上海艺筑图文设计有限公司

3 4 陕西商洛市文化艺术中心

设计：香港华艺设计顾问（深圳）有限公司重庆分公司
绘制：重庆天艺数字图像

1 2 3 Softbridge Building

设计：Zaha Hadid

4 5 6 捷克新国家图书馆

设计：法国 DCA

206-223

展览中心
MUSEUM CENTER
2014 建筑＋景观

1

1 2 3 深圳金州会议中心方案

设计：深圳某设计师
绘制：天海图文设计

1 2 3 4 陕西杨凌农业展览馆

设计：西安新时代（国际）建筑设计有限公司
绘制：西安鼎凡视觉工作室

5 虹桥会展中心项目

设计：UA 国际
绘制：丝路数码技术有限公司

1 2 某展览中心

　设　计：省直
　绘　制：南昌艺构图像

3 4 秦皇岛金山国际

　设　计：北京易兰建筑规划设计有限公司
　绘　制：北京图道数字科技有限公司

1 2 中物院新科技馆

设计：中国工程物理研究院建筑设计院
绘制：绵阳瀚影数码图像设计有限公司

3 4 绿地晋中

设计：程泰宁
绘制：上海艺筑图文设计有限公司

5 舍得酒业

设计：大陆建筑设计有限公司　李兵
绘制：成都市浩瀚图像设计有限公司

1 人南城市
设计：四川国恒建筑设计
绘制：成都上润图文设计制作有限公司

2 3 4 城南体育馆
设计：西南建筑设计
绘制：成都上润图文设计制作有限公司

1 2 3 大连国际会议中心

设计：奥地利蓝天组

1 2 北汽华东（镇江）基地
设计：中国汽车工业工程有限公司
绘制：洛阳张涵数码影像技术开发有限公司

3 4 5 加尔达湖滨展馆
设计：奥地利蓝天组

1 2 3 4 山东省省会文化艺术展览中心

设计：法国 AS

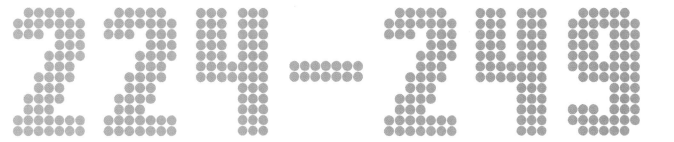

224-249

博物馆
MUSEUM
2014 建筑 + 发现

1 博览城

设计：刘艺
绘制：蓝宇光影图文设计工作室

2 摄影博物馆

设计：前方工作室
绘制：蓝宇光影图文设计工作室

3 砚文化博物馆

设计：张园华
绘制：蓝宇光影图文设计工作室

1 2 3 4 摄影博物馆

设计：前方工作室
绘制：蓝宇光影图文设计工作室

5 6 南汉二陵博物馆

绘制：深圳筑之源

1 2 3 4 华艺绵阳

设计：香港华艺建筑设计咨询有限公司
绘制：深圳市普石环境艺术设计有限公司

3

1 2 华艺绵阳

设计：香港华艺建筑设计咨询有限公司
绘制：深圳市普石环境艺术设计有限公司

3 4 5 谢稚柳陈佩秋

设计：法国 AS

4

5

1 **2** 谢稚柳陈佩秋

设计：法国 AS

3 **4** Drents Museum

设计：美国 Archi-Tectonics

3

4

1 2 南漳文化中心博物馆

设计：湖北省建筑设计院
绘制：武汉擎天建筑设计咨询有限公司

3 4 5 淅川规划馆

设计：王磊
绘制：上海域言建筑设计咨询有限公司

1 2 3 4 浙川博物馆

设计：王磊

绘制：上海域言建筑设计咨询有限公司

5 歙县中学

设计：浙江安地

绘制：杭州氪引数字科技有限公司

1 2 3 某博物馆

设计：重庆 China6D 设计
绘制：光辉城市 陈禹

4 淮阳姓氏博物馆

设计：华东建筑设计研究院有限公司
绘制：丝路数码技术有限公司

1 2 华盛顿博物馆
设计：BurtHill
绘制：成都市浩瀚图像设计有限公司

3 4 博物馆
设计：正东建筑　田林
绘制：成都市浩瀚图像设计有限公司

3

4

1 2 3 博物馆

设计：正东建筑 田林
绘制：成都市浩瀚图像设计有限公司

4 5 昆明花博园项目

设计：BMP
绘制：上海携客数字科技有限公司

1 2 3 大亚湾展览馆

绘制：深圳市普石环境艺术设计有限公司

4 5 6 西藏自治区自然科学博物馆

设计：法国 AS
绘制：法国 AS

1 2 3 4 5 上海航天博物馆
设计：矶崎新工作室

剧场
THEATER
2014 建筑＋表现

1 牡丹剧院	**2** 西安青海剧场
设计：某设计院	设计：西安设计院
绘制：北京百典数字科技有限公司	绘制：深圳市普石环境艺术设计有限公司
3 阳大学	**4** 韩城某综合体项目
设计：国外某建筑设计单位	设计：西安汉嘉建筑设计有限公司
绘制：北京图道数字科技有限公司	绘制：西安鼎凡视觉工作室

■ 山东鑫环集团
　　设计：京易兰建筑规划设计有限公司
　　绘制：北京图道数字科技有限公司

■ 洛阳市某剧院
　　设计：河南智博建筑设计有限公司
　　绘制：洛阳张涵数码影像技术开发有限公司

■ ■ 绿地晋中
　　设计：程泰宁
　　绘制：上海艺筑图文设计有限公司

1 西安青海剧场
设计：西安设计院
绘制：深圳市蕾石环境艺术设计有限公司

2 3 4 龙城大剧院
设计：大陆建筑设计有限公司 李兵
绘制：成都市浩瀚图像设计有限公司

1 2 3 Congress Center in Krakow

设计：波兰 Ingarden & Ewy Architects

3

1 2 3 4 Edificio per Szervita Square

设计：Zaha Hadid per Szervita Square

4

1 2 3 4 Edificio per Szervita Square

设计: Zaha Hadid per Szervita Square

1 **2** **3** 阿布扎比表演艺术中心

设计：Zaha Hadid

4 **5** **6** **7** 宫德尔影院

设计：雷姆·库哈斯

266-319

景观设计
LANDSCAPE DESIGN
2014 建筑＋表现

1 画家村

设计：广州柏源建筑设计有限公司
绘制：深圳千尺数字图像设计有限公司

2 横山洲连岛桥

设计：珠海建筑规划设计院深圳分院
绘制：深圳千尺数字图像设计有限公司

3 如意广场

设计：北京龙安华诚园林所
绘制：北京百典数字科技有限公司

1 小区景观

　　设计：某建筑设计单位
　　绘制：北京图道数字科技有限公司

2 3 山西会所

　　设计：北京易兰建筑规划设计有限公司
　　绘制：北京图道数字科技有限公司

4 西充某景观

　　设计：某建筑设计单位
　　绘制：北京图道数字科技有限公司

5 野鸭湖景观规划

　　设计：北京易兰建筑规划设计有限公司
　　绘制：北京图道数字科技有限公司

1 贵阳六广河
　　设计：北京易兰建筑规划设计有限公司
　　绘制：北京图道数字科技有限公司

2 3 大溪谷
　　设计：北京易兰建筑规划设计有限公司
　　绘制：北京图道数字科技有限公司

4 某景观
　　设计：北京易兰建筑规划设计有限公司
　　绘制：北京图道数字科技有限公司

1 山西会所
设计：北京易兰建筑规划设计有限公司
绘制：北京图道数字科技有限公司

2 兰山书院
设计：北京易兰建筑规划设计有限公司
绘制：北京图道数字科技有限公司

3 **4** 东西溪河道设计
设计：北京易兰建筑规划设计有限公司
绘制：北京图道数字科技有限公司

1 烟台融科

　　设计：ANG
　　绘制：北京图道数字科技有限公司

2 3 厦门过云溪

　　设计：北京易兰建筑规划设计有限公司
　　绘制：北京图道数字科技有限公司

1 景观设计

　绘制：北京图道数字科技有限公司

2 周庄

　设计：二外
　绘制：北京图道数字科技有限公司

3 贵阳六广河

　设计：北京易兰建筑规划设计有限公司
　绘制：北京图道数字科技有限公司

4 **5** 小区景观

　设计：某建筑设计单位
　绘制：北京图道数字科技有限公司

1

2

1 洛阳天惠项目

设计：北京易兰建筑规划设计有限公司
绘制：北京图道数字科技有限公司

3 4 柳州某大桥方案设计

设计：中交第一公路勘察设计研究院
绘制：西安鼎凡视觉工作室

2 某景观

设计：某建筑设计单位
绘制：北京图道数字科技有限公司

5 6 柳州某大桥方案设计

设计：中交第一公路勘察设计研究院
绘制：西安鼎凡视觉工作室

1 2 北环白河大桥方案

　　设计：中交第一公路勘察设计研究院
　　绘制：西安鼎凡视觉工作室

4 某公园景观

　　绘制：杭州禾本

3 湿地公园景观平台

　　设计：陕西宏基建筑设计有限公司
　　绘制：西安鼎凡视觉工作室

1 2 山西运城海关项目规划
设计：山西省运城市建筑设计研究院
绘制：西安鼎凡视觉工作室

3 湿地公园景观平台
设计：陕西宏基建筑设计有限公司
绘制：西安鼎凡视觉工作室

4 5 6 柳州某大桥方案设计
设计：中交第一公路勘察设计研究院
绘制：西安鼎凡视觉工作室

1 2 蝴蝶湖公园

设计：香港绿贝国际　李凯峰
绘制：成都市浩瀚图像设计有限公司

3 景观设计

绘制：南昌艺构图像

4 景观设计

绘制：南昌艺构图像

1 樟山牛山公园
　　设计：省院研究所
　　绘制：南昌艺构图像

2 滨江路景观
　　设计：卓筑
　　绘制：南昌艺构图像

3 某别墅景观设计
　　设计：省院研究所
　　绘制：南昌艺构图像

1 某小区

绘制：南昌艺构图像

2 吉安行政中心景观

设计：南大二所
绘制：南昌艺构图像

3 某小区景观

绘制：南昌艺构图像

4 **5** 蔚蓝郡

设计：省院研究所
绘制：南昌艺构图像

1 规划设计

　　绘制：南昌艺构图像

2 梅溪湖

　　设计：深圳协建设计
　　绘制：深圳市水木数码影像科技有限公司

3 **4** 佛山项目

　　设计：LWK (HK) 建筑设计
　　绘制：深圳市水木数码影像科技有限公司

3

4

1 2 怡和大道景观

设计：谭大正
绘制：成都市浩瀚图像设计有限公司

3 中国中铁景观

设计：谭大正 范晓东
绘制：成都市浩瀚图像设计有限公司

1 2 3 银川牧厂

设计：上海翰创
绘制：上海艺筑图文设计有限公司

4 某景观

设计：上海原筑
绘制：上海艺筑图文设计有限公司

5 嵊州农业园一期

设计：上海济景建筑设计有限公司
绘制：上海艺筑图文设计有限公司

1 2 景观项目

设计：阿特金斯顾问（深圳）有限公司上海分公司
绘制：上海艺筑图文设计有限公司

3 莫斯科公园

设计：北京市土人城市规划设计有限公司
绘制：丝路数码技术有限公司

4 湿地公园

绘制：杭州骏翔广告有限公司

5 文化广场规划

绘制：银河世纪图像数字科技有限公司

1 大兴景观

绘制：丝路数码技术有限公司

2 玄武湖东岸景区

设计：东大院
绘制：丝路数码技术有限公司

3 某古建项目

设计：深圳市建筑设计研究总院有限公司
绘制：深圳市深白数码影像设计有限公司

4 湖南波隆集团设计方案

设计：广洲景森长沙分公司
绘制：长沙市工凡建筑效果图

4

1 万荣
绘制：银河世纪图像数字科技有限公司

2 博雅苑景观
绘制：银河世纪图像数字科技有限公司

3 天宝天鹅湾中心景观
绘制：银河世纪图像数字科技有限公司

4 德阳紫云府
绘制：重庆天艺数字图像

1 2 莫斯科公园

设计：北京市土人城市规划设计有限公司
绘制：丝路数码技术有限公司

3 4 5 大通豪庭景观设计

设计：浙江中和建筑设计院
绘制：杭州景尚科技有限公司

1 城北中心广场项目

设计：盛隆建筑设计
绘制：成都上润图文设计制作有限公司

2 四合院项目

设计：美国思纳史密斯建筑设计
绘制：成都上润图文设计制作有限公司

3 **4** 大通豪庭

设计：浙江中和建筑设计院
绘制：杭州景尚科技有限公司

1 2 某湿地公园

　　绘制：上海日盛

3 某景观

　　绘制：上海携客

1 沃尔玛屋顶花园

绘制：苏州蓝色河畔

1 东北烟厂景观
绘制：上海赫智

1

1 2 东北烟厂景观

绘制：上海赫智

3 某居住区景观

绘制：杭州禾本

1 2 3 某湿地公园

绘制：上海日盛

《2015 建筑 + 表现》

正在征集中 … …

投稿 QQ：2381577462

Contributions 征稿

进行中……

Wanted…

室内 · 建筑 · 景观

感 谢 您 的 参 与 ！

吉典文化
WWW.JI-CHINA.COM

TEL: 010-67837998 010-67533200   E-MAIL: jidianbotu@163.com   bjrunhuan@163.com
地址：北京亦庄经济技术开发区 中辉世纪传媒大厦 B 座 2 层